27340

ENGRAIS-ANIMAL.

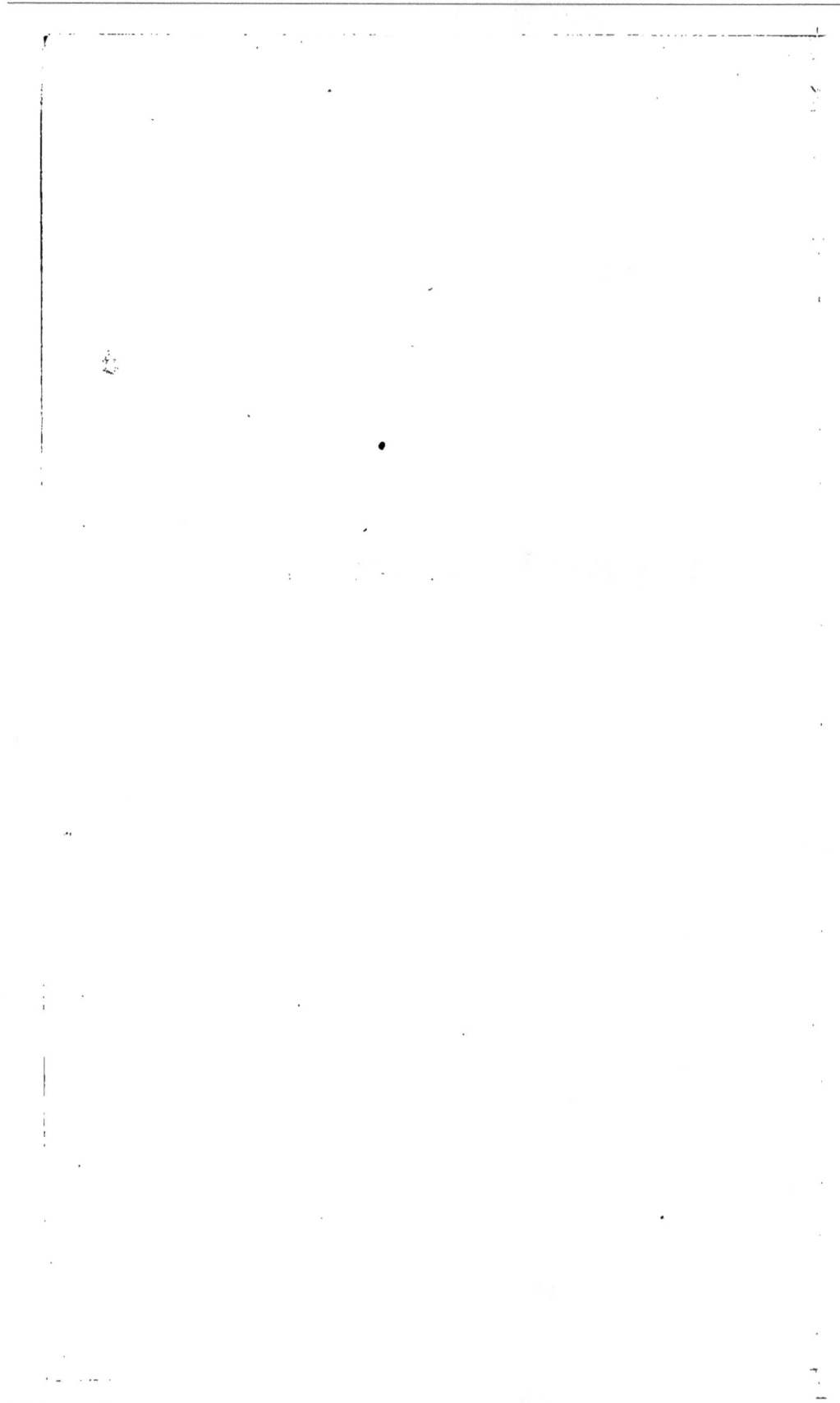

NOTICE

SUR

LES ENGRAIS

EN GÉNÉRAL,

ET PLUS SPÉCIALEMENT

SUR

L'ENGRAIS-ANIMAL et le PLATRE NOIR,

PAR

M. Henry Frenier,

Ancien officier, auteur de la Ruche des Bois, etc.

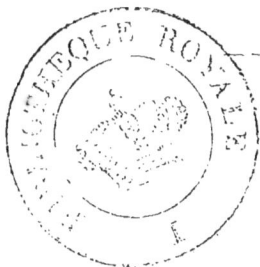

Dijon,

IMPRIMERIE DE Mme Ve BRUGNOT.

1835.

AVIS.

La fabrique et le dépôt d'Engrais-animal et de plâtre noir, autorisés par ordonnance royale du 2 décembre 1833, établis et dirigés par l'auteur de cette notice, qui en est le propriétaire, se trouvent dans la sablière de Pouilly, au nord et auprès de la ville de Dijon.

C'est le premier établissement de ce genre qui ait été créé en France et ailleurs. Commencé depuis peu, on ne livrera des engrais à la consommation que dans l'année 1836, et alors on continuera, une fosse devant être ouverte tous les six mois. Cependant le plâtre noir qui ne demande qu'environ une année de macération, pourra être mis en vente, en petite quantité, dans l'année 1835.

Le prix demeure irrévocablement fixé à soixante centimes le double décalitre. Ce prix ne variera dans aucun cas ni dans aucun temps.

NOTICE

Sur les engrais en général, et plus spécialement sur
l'engrais-animal et le plâtre noir.

———

LES engrais sont si nombreux que les noms des
espèces, leurs causes et leurs effets rempliraient
plusieurs volumes. On ne doit donc pas s'attendre
à trouver dans cette Notice des détails sur toutes les
variétés d'engrais. Je n'en donnerai qu'une idée
générale, et je m'étendrai un peu plus sur l'engrais-animal et le plâtre noir, qui font l'objet de
cet opuscule.

Mon intention étant de fertiliser la terre, et de
donner plus de force, de santé et de vie aux plantes,
je serai obligé de jeter un coup-d'œil sur la terre

et ses produits. Sans doute, le cultivateur trouve-
rait des notions plus précises, et par conséquent,
plus avantageuses dans d'autres livres, mais comme
il ne trouvera nulle part l'engrais-animal, ce que
je vais dire sur l'agriculture n'a pour objet que de
piquer sa curiosité et de le disposer à des compa-
raisons. C'est un palais magnifique que je prétends
lui faire voir par le trou de la serrure. Il ne tiendra
qu'à lui d'en faire ouvrir la porte.

Nul ne peut considérer la terre attentivement
sans être ravi, extasié de la toute-puissance du
Créateur. Tout décèle sa divinité, sa grandeur, sa
justice et sa bonté. La terre crée, enfante et
nourrit tout. Chaque individu naît, grandit, meurt
et nourrit la terre à son tour. La providence en
établissant cet ordre immuable, cet enchaînement
de choses qui se prêtent mutuellement secours, d'individus qui se craignent, se cherchent et s'évitent,
nous a montré sensiblement que le travail et la persévérance surmontent toutes les difficultés.

Les sages en examinant la nature en ont fait trois
grandes divisions qu'ils appellent règnes.

La terre fait partie du règne minéral. Tout ce qui
vit, qui est animé, compose le règne animal.

Et tout ce qui croît et qui n'a pas la faculté de se
mouvoir appartient au règne végétal.

Sauf les accidens, la terre est toujours placée par
couches. La première, celle que nous foulons aux

pieds, qui porte nos moissons, est composée de diffé-
rentes espèces de terres, qui sont plus ou moins
fécondes, plus ou moins fertiles et plus ou moins
faciles à cultiver.

Tout cultivateur doit avoir au moins une idée des
lois naturelles qui gouvernent les végétaux ; une
connaissance presque exacte des qualités de terres
qui composent la couche végétale ou supérieure de
son champ, et des moyens qui peuvent la rendre
plus ou moins fertile. Autrement, c'est la routine
qui le conduit, ses succès sont dûs au hasard, et
ses revers à l'inexpérience.

On distingue plusieurs sortes de terres végétales.
La terre forte, l'argile, la glaise, l'herbue, la marne
et beaucoup d'autres variétés qui se ressemblent,
quant au corps, forment la première classe. Elles se
durifient, se gercent, se crevassent par la sécheresse. Par l'humidité, elles deviennent collantes,
tenaces. Leurs molécules sont si compactes, si
adhérentes, qu'elles fournissent difficilement un
passage à l'air, à l'eau et aux racines. Seules, elles
sont infertiles. Mêlées avec des terres légères,
sablonneuses, des cendres, ou fumées avec du
terreau-animal réduit, des fumiers chauds en
pleine fermentation, déposés en grande quantité,
long-temps avant les semences, elles donnent des
récoltes très-abondantes. On doit proportionner la
profondeur des labours à la longueur des racines

des plantes qu'elles portent, car elles ne pénètrent pas dans la masse qui n'a pas été remuée. Elles exigent beaucoup de travail et de connaissances agricoles.

La marne contient des parties calcaires, ce qui la dispose à aspirer l'air atmosphérique, et tout en appauvrissant la terre, elle presse la végétation, ce qui fait qu'on l'emploie malgré le proverbe qui soutient qu'elle enrichit le père aux dépens du fils.

La terre franche est la meilleure et la plus sûre de toutes les espèces de terres. Elle participe de la glaise. C'est une terre douce, onctueuse, friable, allumineuse ; ses molécules se brisent aisément dans la main ; l'air et l'eau la pénètrent facilement, et s'évaporent de même ; elle trouble l'eau qui écume quand on l'agite, elle lui donne sa teinte et se précipite lentement. Quand elle est bien cultivée et fumée, elle donne des récoltes très-considérables. Tous les fumiers à demi consommés lui conviennent avant l'hiver. Les terreaux, et particulièrement le terreau-animal réduit, donnent aux plantes une nourriture très-substantielle. C'est le terrain des arbres depuis le chêne jusqu'au *bissus*.

La terre légère est en grande partie l'humus-végétal ou des végétaux décomposés. Elle est très-divisée ; ses molécules sont sans compacité et

sans adhérence ; l'air et l'eau la pénètrent et s'évaporent promptement. Sa porosité laisse au soleil et
au froid trop de facilité pour atteindre les racines
des plantes. Il faut des soins et un travail continuels
pour l'entretenir ; toute espèce de fumier peut lui
devenir contraire. Le terreau-animal, celui de
vache, de porc, la glaise, lui conviennent unique-
ment. Elle demande beaucoup de culture, et tous
ses labours dans un temps humide.

Il y a encore plusieurs espèces de terre qu'on
peut ranger dans la classe des terres légères ; plus
la couche est mince, *pierreuse, caillouteuse, sa-
blonneuse,* etc., plus elles demandent de soins et
d'engrais. Les terreaux sont seuls capables de les
soutenir.

L'exposition des terrains les rend plus ou moins
chauds, plus ou moins précoces. C'est au cultiva-
vateur à juger de sa position, et à mettre des
fumiers chauds dans ses terres froides, et des
engrais forts, compactes et adhérens dans ses
terres chaudes et légères. Il peut tirer un grand
avantage de ses champs, abrités des vents du
nord ; tout le monde sait que sur les collines
exposées au midi, les fleurs sont plus odorantes,
les fruits plus parfumés que dans les plaines ; que
dans les années froides et pluvieuses, aux époques
de la floraison et de la maturité, nos fruits sont sans
saveur, nos vins sans force, sans couleur et sans

bouquet. Ces observations suffisent à un cultivateur intelligent.

DES MOYENS NATURELS ET ARTIFICIELS DE FÉCONDER LA TERRE.

Les moyens naturels sont : l'air vital, l'air
atmosphérique, considéré comme engrais aérien,
l'eau, le feu ou la chaleur et la lumière.

L'air, le feu et la lumière, sont nécessaires aux
végétaux ; s'ils en ont peu, ils souffrent, s'ils en
manquent, ils meurent.

L'air atmosphérique dont l'éther est la base, est
composé de molécules immenses de la matière
ignée. Plus la terre est meuble, douce, friable
et en culture, plus elle aspire d'air et d'humidité,
et plus les plantes ont de force, de vie et de
santé.

Il y a des substances qui ont la propriété d'at-
tirer l'air, et de le communiquer aux plantes
qu'elles touchent, et par suite d'en activer la végétation. Du nombre, sont les terres brûlées, la glaise
et l'argile, cuites et pulvérisées. Le plâtre, la
chaux et tous les terreaux, mais particulièrement le terreau-animal. Le plâtre et la chaux ont
l'inconvénient de durcir la terre et de l'appauvrir.

Les moyens artificiels sont les labours, les engrais de toute espèce, employés selon la nature du terrain et son exposition, l'extirpation des plantes vivaces qui se renouvellent, soit de graine, soit de bouture ou par les œilletons, telles que le chiendent, l'herbe à mille feuilles, la renoncule-scélérate, appelée plus communément *pipou*, le liseron, le chardon, etc. La graine du chardon se détache naturellement de son *placenta*, et au moyen de son aigrette, vole de tous côtés, en sorte qu'un seul champ peut empoisonner toute une contrée. Le cultivateur qui est assez insouciant pour laisser mûrir cette graine, mérite le blâme de tous ses voisins. C'est un délit qui, pour n'être pas réprimé par les lois, n'en est pas moins très-pernicieux.

Ainsi que nous l'avons déjà observé, les engrais sont très-nombreux. Tout ce qui est produit par la terre sans exception, peut, sans exception, servir d'engrais à la terre; mais la manière de le composer et la manière de l'employer en augmentent considérablement la valeur et la puissance.

La terre est le plus généreux de tous les engrais, parce que la terre seule contient tous les élémens de la végétation, et ne les distribue au sujet qu'elle produit, soit animal, soit végétal, que selon sa force et sa forme. On peut donc assurer qu'aucun engrais, quelle que soit d'ailleurs sa richesse, ne réunit autant de parties végétatives que la terre, même la plus pauvre, et ne les départit avec autant d'opportunité.

Après la terre viennent ses produits. Les produits de la terre sont de deux espèces : les végétaux et les animaux. Les premiers décomposés en terreau, font l'humus végétal. Ce terreau est fertile, mais il est d'une trop grande légèreté; ses molécules ne sont ni compactes, ni adhérentes; elles se gonflent à la pluie, et se réduisent trop facilement en poussière par la sécheresse. Il a besoin d'être mêlé avec de la glaise pure ou avec du terreau-animal, pour produire un bon effet dans les terres légères.

DES FUMIERS.

La manière la plus avantageuse de faire du fumier avec des végétaux, est assurément celle que pratiquent la presque totalité des cultivateurs, en les fesant servir de litière. Il n'y aurait qu'à perfectionner si elle produisait assez de fumier pour en fournir à toutes les terres une quantité à peu près égale aux produits de chaque récolte. Mais les pertes réelles occasionées par la consommation de l'homme et celles qui proviennent de sa négligence, sont si considérables, qu'elles ne peuvent manquer d'apporter un grand déficit et d'appauvrir beaucoup la terre. Nous reviendrons sur cet article.

Le terreau de fumier est un engrais bien supérieur au fumier ; il convient généralement à toutes les terres, il en resserre les particules, donne moins de prise au froid et au chaud sur les racines, aspire la rosée et entretient plus long-temps l'humidité.

Le fumier de vache et de porc à moitié consommé, convient aux terres chaudes et légères. Le fumier de cheval en pleine fermentation, s'emploie bien pour les semences d'automne dans les terres froides et argileuses. Le fumier de mouton aux trois quarts consommé, est utile avant l'hiver dans toutes les terres. Les fumiers frais, l'engrais-animal nouveau, les déjections de l'homme, aussi nouvelles, sont contraires à la végétation. Le gaze-azote qu'ils contiennent, nuit aux racines en s'évaporant, et étiole la plus grande partie des tiges.

Le déficit occasioné par les pertes dont nous avons parlé plus haut, consiste dans la nourriture de l'homme qui comprend plus de parties végétales que tout le reste des produits de la terre qui n'est pas consommé par l'homme, et cette grande portion des produits est perdue pour l'agriculture, en ce qu'elle ne fournit point ou peu d'engrais.

Vainement on objecterait que l'on tire parti des ex-crémens de l'homme ; je répondrai qu'une partie, celle épanchée sur les rues et les chemins, est en-traînée par les eaux, et que celle déposée dans les latrines après avoir été lavée par les urines qui se perdent entièrement dans les infiltrations, laisse la partie solide des excrémens, sans force et sans puissance. Tout le monde sait que la poudrette n'a-git qu'instantanément sur les plantes et donne un mauvais goût aux racines. Et si on considère que le restant du produit animal qui est si avanta-geux à l'agriculture est tout-à-fait perdu, soit en l'abandonnant à la voirie, soit en l'enfonçant dans la terre à des profondeurs toujours nécessaires à la salubrité, mais toujours inutiles à l'agriculture, on sera forcé de convenir que la perte est immense et qu'on ne peut trop tôt la réparer.

Les pertes que j'attribue à la négligence de l'homme, sont d'une autre nature que les précéden-tes. On les trouve dans l'abandon des feuilles des baies, des boues, des poussières, etc., dans la mau-vaise qualité des fumiers, dans le peu de soin que les cultivateurs en prennent, et aussi dans la petite quantité qu'ils en font, même en raison du peu de bétail qu'une culture mal combinée et des assole-mens trop réguliers leur permettent de nourrir. La première cause tient à l'insouciance, la seconde vient de la mauvaise disposition des écuries dans lesquelles l'urine, partie première des engrais, est généralement perdue. La troisième, de ce que l'on tient les fumiers ou trop secs ou trop humides, et que dans l'un et l'autre cas, la fermentation ne produit pas tout son effet. On regarde l'égoût avec indifférence, on fume les terres quelques jours avant de les semer, souvent on laisse dessécher le fumier, quelquefois on le dépose dans des fosses profondes où l'eau séjourne : tous ces inconvéniens lui ôtent une grande partie de ses qualités.

On doit tenir le fumier à l'ombre, autant que possible, sur un terrain un peu incliné, pratiquer des rigolles et des puisards autour pour recevoir l'égoût. Il ne faut pas craindre d'y mêler des terres et des parties de végétaux : tiges, feuilles, fruits, baies, racines, tout est bon. On doit seulement observer de diviser ces portions en petites parcelles et de les mouiller immédiatement avec de l'égoût. On arrosera aussi le fumier tous les deux ou trois jours et même plus souvent si on aperçoit des vapeurs : le fumier doit être chaud mais jamais brûlant. Les eaux de cuisine remplacent avantageusement l'égoût.

La fiente des volailles étant beaucoup plus fermentative que celle des autres animaux, autant on doit être soigneux de l'ajouter au fumier, autant il faut éviter d'y mêler de la glaise, de l'argile, des cendres, du plâtre, de la chaux, ces objets dété-

riorent le fumier, en faisant cesser la fermentation.

DU TERREAU-ANIMAL.

Ce terreau est composé de débris d'animaux morts.
C'est le plus excellent de tous les engrais. Les
chairs et le sang ont besoin d'un temps assez long
pour se putréfier. Employés frais, ils sont contraires
à la santé des hommes, à celle des animaux et
même aux semences et aux plantes. C'est pour ce
motif qu'on les fait macérer pendant plusieurs années, avant de les livrer à l'agriculture. Les os
sont la partie animale la plus utile; elle recèle une
grande quantité de substances végétales, nutritives,
salines, fixes et volatilles, etc. Il n'est guère possible d'employer les os seuls pour engrais; mais
pulvérisés et mêlés aux autres parties, ils produi-
ront un grand effet; carbonisés, ils sont encore très-
avantageux.

Sur les bords de la mer, où le poisson est très-
abondant, on en fait décomposer dans des algues et
autres plantes marines, et le terreau que cela produit est bien favorable aux plantes.

Je ne m'étendrai pas davantage sur les engrais,
mais je répéterai que toutes les portions de végétaux et d'animaux, sans exceptions, peuvent servir

d'engrais à la terre, ainsi les marcs, lies, résidus, pains de toute espèce, les urines, les déjections, les boues, les poussières, etc, devraient être recherchés avec plus de soin.

On a fait un pas vers l'économie en ramassant les boues des villes, mais la portion la plus végétale, poussière en été, vase en hiver, est abandonnée au balai qui la pousse au ruisseau; ce dernier l'entraîne à l'égoût qui la décharge ordinairement dans un cours d'eau. Rien ne serait plus facile que de diriger les ruisseaux et les égoûts dans de vastes réservoirs où la vase se déposerait. J'estime que l'argent dépensé à ces constructions rapporterait plus de vingt pour cent.

Cette amélioration conduirait naturellement à une autre plus essentielle encore, je veux dire l'établissement de latrines publiques dans les rues. L'utilité de ces latrines est suffisamment démontrée. Pudeur, aisance, propreté, économie, tout les réclame.

Avant de finir cet article, j'observerai que le pain de graines oléagineuses est un engrais profitable à toutes les semences, et qu'il convient à toutes les terres, épanché dans la proportion de trois mètres cubes par hectare.

DES SEMENCES.

C'est dans cette circonstance que l'homme devrait avouer sa faiblesse et sa misère, car les sages dispositions de la nature pour la conservation des races, des familles et des individus par les semences le rappetissent beaucoup.

Chaque plante procède d'une semence qui peut être considérée comme un œuf, qui est le résultat de la coopération des deux sexes ; comme dans les animaux, la semence se forme dans l'ovaire ou pistil de la femelle, et est fécondée par les étamines mâles.

Toute semence mûre a un germe qui renferme un individu de la même espèce que la plante qui l'a produit. Les semis donnent quelquefois des sujets supérieurs et inférieurs à leurs mères ; mais la différence n'est que dans les formes, les facultés sont toujours les mêmes.

Le créateur n'a donné aux animaux qu'une seule faculté pour se reproduire. Les végétaux étant plus exposés, il leur en a laissé plusieurs ; il est bien nécessaire que le cultivateur les connaisse. La sagesse qui a laissé aux végétaux plusieurs moyens de reproduction, a conservé au germe de certaines semences, une longue vie, afin qu'elles puissent attendre du temps ou du hasard une occasion favorable pour amener leur production à bien. C'est ici que l'intelligence est nécessaire, car le succès de la culture dépend en quelque sorte de la connaissance des semences et de leur éducation, avant, pendant et après la germination. Telle semence a besoin d'air, telle autre veut de l'humidité, celle-ci demande à être semée vieille et enterrée profondément, celle-là veut l'être fraîche et à fleur de terre.

Celui qui veut devenir cultivateur, doit connaître la forme, la nature et les facultés des semences qu'il veut élever, ainsi que leur germination et leur nutrition, mais plus spécialement encore l'espèce de terre et d'engrais qui leur convient.

DES PLANTES.

Le cultivateur qui a confié une semence à la terre, a dû préparer celle-ci de manière que celle-là puisse s'y développer sans obstacle et parcourir la carrière qui lui est destinée. Dès que le fœtus ou embryon est sorti de ses lobes qui lui ont donné la première nourriture, on lui reconnaît deux parties distinctes : la radicule

ou racine qui pénètre la terre, et la plumule ou
tige qui cherche à en sortir pour s'élancer dans
l'air. Une fois que la radicule et la plumule ont
pris leur essor, la plante est formée. Le point
qui sépare la racine de la tige se nomme nœud
vital ou plus simplement collet. Les racines, par
un grand nombre de bouches, sucent, dans la terre,
les sucs nutritifs et les amènent au collet pour être
distribués dans toutes les branches et les tiges, au
moyen de pores à ce disposés, aspirent l'air, et
les particules de la matière ignée, les ramènent
également au collet pour, de-là, alimenter jusqu'aux
moindres parties de la plante. On reconnaît facilement que c'est pour procurer à la plante une
nourriture substantielle et abondante que le créateur a multiplié à l'infini les branches et les
racines.

Je pense qu'il est indispensable que le cultivateur connaisse ces premiers mouvemens de la
végétation, pour qu'il puisse fournir à la plante
ce qui convient à son développement : labours,
engrais, etc.

Je n'avancerai pas davantage, dans la crainte
de m'égarer dans les termes scientifiques et d'é-
pouvanter le cultivateur qui me lira. Je m'aper-
çois même que j'ai mal à propos fait de la théorie,
sachant que c'est de l'algèbre pour la plupart des
cultivateurs. Que l'on n'aille pas croire que j'ai

l'intention de médire, l'évidence est pour moi. Aucun fermier ne s'occupe de théorie, par une raison très-simple: c'est que la théorie ne peut lui procurer aucune connaissance locale, soit sur la nature de la couche végétale, soit sur les couches moyennes, soit sur la manière de composer un terrain médiocre ou supérieur, et d'y semer des graines dont le succès paraîtrait plus certain, soit enfin sur l'espèce, la qualité et la quantité d'engrais qu'il convient d'y épancher.

La théorie ne nous indique pas même où, quand et comment la sève s'élabore et par quel prodige elle transmet aux fruits des formes, des goûts et des couleurs si différens. Mais, dira-t-on, la théorie est donc inutile ou peut-être impossible? Non certainement, pas plus inutile qu'impossible; mais il faut la comparer, l'étendre ou la restreindre selon que la nature du sol l'exige; ou pour mieux dire, à la théorie des livres, il faut joindre la théorie des champs.

La providence a réglé le monde de telle sorte, que tout ce qui sort de la terre, retourne à la terre, de manière qu'il ne peut jamais y avoir amoindrissement dans l'ensemble. Ce syntagme divin devrait nous servir de base et de leçon pour le détail. Mais malheureusement l'homme est inventeur; son amour-propre, ses systèmes, enfans de la routine et de l'ignorance, sont ses guides

fatidiques, en agriculture aussi bien qu'ailleurs.
Les lois de la nature, les principes de la végétation ne sont que des ignorans auprès d'un savant
systématique, ou d'un cultivateur routinier. Cependant nous convenons qu'il n'y a pas sur la
terre deux objets qui se ressemblent exactement.
Ceci ne devrait-il pas nous faire penser, que par
la même raison, il n'y a pas deux ares de terrain
composés bien exactement de même nature. C'est
cette abondance de principes qui embarrasse l'a-
gronomie et qui enrichit l'agriculture.

Outre la différence naturelle des terrains, les
pluies, les vents, les rivières, les torrens, le
commerce, etc., enrichissent ou appauvrissent
telle localité, au préjudice ou à l'avantage de telle
autre. Et ce qui est plus ruineux encore, c'est
que le cultivateur, soit par ignorance, soit par insouciance, ne prend presque jamais la peine de
chercher à connaître ni son champ, ni la plante qui
y conviendrait le mieux. Esclave de la routine,
son intérêt le dirige en aveugle et le dispose toujours à améliorer ce qui est déjà bon ou passable,
au détriment même de ce qui est médiocre ou
mauvais.

Vainement la théorie, assise dans son fauteuil,
lui crie : que la même plante absorbant les mêmes
principes végétatifs, effruite nécessairement la
terre, et par suite, ne réussit pas aussi bien, tem-

pérature égale, la seconde ou la troisième année que la première. Qu'indépendamment de cet inconvénient, la trop grande quantité de denrées de même espèce change, dans les années très-abondantes, les bienfaits de la providence en calamités ; la plénitude et la réplétion, suite inévitable d'une semence trop générale et d'une culture mal entendue, produisent malheureusement les mêmes effets que la disette. Le cultivateur instruit par ses ancêtres ne veut pas dégénérer. Le blé nourrit sa famille, la vigne la désaltère ; par habitude ou par reconnaissance, il cultivera le blé et la vigne tant qu'on ne lui montrera pas une plante qui fleurisse de l'argent ou qui mûrisse de l'or. Souvent le manque de fourrage le force à vendre, la veille de l'hiver, une partie du bétail qu'il a nourri l'été. Il regrette son veau, il pleure son poulain, il convient qu'il mange son blé en herbe, mais il ne peut pas s'affranchir de la routine : c'est une femme qui gouverne. Cependant il travaille, il sue, il donne trois et quatre labours à ses terres, et avec beaucoup de soins il parvient, quelques jours avant de les semer, à fumer environ la cinquième partie de celles qu'il avait laissées en jachères. Les autres sont en bon état : on n'y voit ni plantes vivaces, ni plantes annuelles : cela vaut assurément bien du fumier.

Tel est, à quelques exceptions près, l'état de la culture en France.

Je l'ai déjà dit dans un autre ouvrage, tant qu'on ne se convaincra pas que la terre, quoique la meilleure mère, n'est pas inépuisable, qu'il doit y avoir compensation entre le prêt et la remise, et qu'en agriculture, tous les systèmes échouent devant ce grand principe : *rendez à celui qui vous prête,* on ne fera pas de grands progrès dans l'art difficile de cultiver les champs convenablement.

Cette expression renferme un si grand nombre de perfections et de vices, qu'il n'est pas inutile d'en citer quelques-uns.

La culture, art simple en apparence, est bien certainement le plus étendu et le plus difficile de tous les arts. Il exige de la force, de l'habitude, un goût décidé, une économie spéciale, soutenue, minutieuse et continuelle, tant à l'égard des choses qu'à l'égard des personnes. C'est cette économie raisonnée qui fait que le maître cultive à meilleur marché que le domestique ; c'est cette économie qui soutient les familles et par suite la société tout entière. En agriculture, toujours le nécessaire, jamais le superflu; toujours l'émulation, jamais l'envie; toujours l'ordre, jamais l'insouciance. L'avarice et la prodigalité sont également ruineuses. Une bride à feston, des palonniers tournés, un versoir en fer, sont aussi bizarres qu'une housse déchirée, ou des jantes de bois aux roues de la charrue. Un cultivateur doit savoir faire un nœud, une couture, une attéloire; ouvrir un sillon sans jamais dépasser les bornes; manier la charrue, la faulx, la pioche et la bêche; juger d'un cheval, estimer un bœuf, nourrir un mouton; connaître les herbes fourragères, les racines nutritives et quelques-unes des plantes qui croissent autour de lui. Il ne les appellera pas par leurs noms botaniques, la science s'étant entourée d'une barrière impénétrable, les noms des familles et des classes sont des termes magiques pour la plupart des cultivateurs. Je le répète, il serait bien temps qu'on cessât de prendre la paille du mauvais champ pour fumer le bon, qu'on rendît à chaque champ, en produits végétatifs, la valeur de chaque récolte, et qu'on alternât les semences de manière à ne point épuiser la terre des substances qui conviennent à une plante plutôt qu'à une autre.

Le sol français peut incontestablement fournir aux besoins de ses habitans, le nombre en fût-il même doublé; or, s'il y a disette et réplétion, tout à la fois, on ne peut l'attribuer qu'à la mauvaise répartition des semences, et à l'abandon presque complet de l'agriculture. Il serait bien à désirer que l'on pût disposer les semences et les produits à l'avantage des localités et selon les besoins de la population. Mais comme il n'appartient pas aux cultivateurs de juger si les produits sont appropriés à la consommation et qu'il n'y a qu'un grand administrateur qui puisse nous y amener par des exemples souvent répétés, établissant que telle ferme de même valeur et rapport que telle autre, produit davantage par un autre mode de culture. En attendant cet homme nécessaire, une grande partie des cultivateurs reprochent à la théorie d'entasser volumes sur volumes et de laisser les champs sans guides et sans lois spéciales. Ces hommes-là oublient que les révolutions, les émeutes, les coups d'état sont peu propres à l'établissement de bonnes lois, et qu'en cédant à leurs désirs, on pourrait nous donner un code rural qui serait aux champs ce que le code forestier est aux bois. Dans tous les cas, mieux vaut marcher au hasard que courir à la mort. Rendons grâce à Dieu, remercions nos gouverneurs de ne nous avoir rien donné de pis que ce que nous avons.

Si la culture partielle ne peut se mettre en harmonie et en proportion avec le besoin général, il n'en est pas de même de la culture alternative et restitutive, puisqu'elle ne consiste qu'à varier les semences et à restituer à la terre ce que nous prenons à la terre, ou en d'autres termes, à lui rendre des substances végétales en quantité ou valeur à peu près égales à celles dont elle nous a gratifiés par les produits de la dernière récolte. Cette restitution ne peut se faire qu'au moyen d'engrais , les engrais pouvant seuls entretenir la terre dans sa fécondité naturelle. Il faut donc de nécessité absolue chercher des engrais , et lorsque nous en trouvons , les employer avantageusement.

L'homme qui se trouve toujours trop à l'étroit dans sa sphère, étend ses goûts, varie ses désirs et souhaite ordinairement ce qu'il n'a pas. Dans la culture des semences et des plantes , celles des climats lointains, dont il ignore les facultés, lui ont souvent inspiré plus d'intérêt que de plus précieuses qu'il a sous la main.

Dans la composition des engrais, il fouille la terre pour trouver la marne, il brûle les rochers, calcine les pierres et abandonne les débris d'animaux morts, les urines , les déjections , le parenchyme des feuilles , la pulpe des baies et des fruits sauvages qui sont à sa portée. Cependant il vante ses connaissances et admire son ouvrage.

Tous les jours on entend des personnes s'extasier sur les progrès de l'agriculture; à les entendre , le problème est résolu , le trésor est trouvé. On ne peut nier que les conquêtes de la botanique et de la chimie l'aient prodigieusement enrichie ; que le morcellement des propriétés qui devait beaucoup lui nuir, par une augmentation de soins et de travail, l'a au contraire beaucoup améliorée, que la culture même ne soit aujourd'hui plus ample , plus étendue, plus profonde qu'autrefois. Mais quant au fond, on doit remarquer que tous ses progrès sont purement industriels.

Aucun principe économique, aucun instrument perfectionné, aucun établissement durable, même aucun système raisonné, ne viennent en assurer la durée. En sorte qu'une guerre désastreuse, une épizootie étendue peuvent la replacer, par la diminution des bras et des animaux, au point et peut-être plus en arrière qu'elle était. Pour acquérir des connaissances, il faut toujours croire qu'on est ignorant.

Il serait à désirer qu'on pût appliquer la mécanique à la culture ; j'en ai déjà fait apercevoir la possibilité en 1827, en parlant de ma charrue ouvrière, et employer à l'amendement de la terre, les terres inutiles, toutes les parties de végétaux qui se perdent et tous les débris d'animaux, sans exception.

Je sais qu'il n'y a point de terre élémentaire, ce qui ne m'empêche pas de désirer que l'agriculture ait aussi ses écoles primaires. Je voudrais que la théorie se relâchât un peu de cette science qui est tellement subtile, qu'elle ne peut pas rester dans la tête des cultivateurs. Je voudrais donc qu'elle appelât un âne, un âne; un chardon, un chardon, et qu'elle enseignât à la pratique à faire de l'agriculture à bon marché, car, ainsi que nous l'avons déjà observé, c'est d'une sévère économie que dépend l'existence des fermiers. L'entretien d'un cheval ne devrait pas coûter plus de quinze à vingt francs par an; la récolte d'un hectare revenir à plus de quatre-vingts à cent francs, environ le tiers de sa valeur. L'écurie devrait payer la ferme, et ce grand principe, *acheter peu, vendre beaucoup,* être suivi rigoureusement.

Mes idées ne sont probablement pas à la mode; j'aime les bêtes, et par cette raison, je voudrais qu'il y en eût davantage dans une ferme-modèle que dans une autre ferme qui cultiverait autant que la première; mais je ne voudrais pas qu'il y eût plus de gens dans celle-ci que dans l'autre, car j'aime les yeux qui voient, les bras qui travaillent, l'imagination qui imagine, etc, je n'aime pas l'optimisme qui ne croit pas que tout est le mieux possible et qui change tout, même ses changemens, ce qui rarement augmente ses produits et toujours ses dépenses. Je n'applique ceci à aucun établissement modèle ni industriel, pas même à celui de Châtillon, dont la décadence tenait à des causes analogues et à d'autres, et peut-être aussi à la mauvaise étoile qui poursuit le maître en faits d'arme comme en faits d'agriculture. Voici ma pensée : je veux dire que celui qui cultive lui-même gagne peu, que celui qui cultive par des domestiques perd, et que celui qui fait cultiver par des maîtres se ruine.

Lorsque je proposai, en 1827, de labourer un hectare de terre en trois heures, avec trois chevaux et un homme, de tirer parti des animaux morts, des urines et des végétaux perdus, j'espérais que quelqu'un s'emparerait de mes idées et mettrait la chose à exécution. Je ne me croyais ni assez avancé, ni assez savant, pour tenter l'entreprise. Cinq années s'étant déjà écoulées, je ne m'étais pas enrichi en subissant la révolution de juillet, et moins encore ses conséquences. Si quelqu'un ne me croyait pas sur parole, je le prierais de faire sa conviction vers M. Courtois. Mais voyant qu'une petite partie de la population était appelée à tourmenter l'autre, et que le grand mobile, *ôte-toi de là que je m'y mette*, était à l'ordre du jour, me trouvant en but à une envie effrénée, j'essayai d'exécuter une partie de mon projet, espérant que mes persécuteurs me laisseraient tranquille. Hélas ! je me trompais grossièrement, car, à peine avais-je commencé, que j'appris, par l'aigreur des dénonciations et l'activité des poursuites, que tous les plants de juillet ne sont pas de bons pineaux. Je fus traîné de tribunal en tribunal, forcé de cesser mes entreprises, le choléra cachait la figure hideuse de la colère, de la haine et d'une courtoisie diabolique. Comme il est dans mon caractère de ne rien céder à l'arbitraire, plus mes ennemis étaient puissans et forcenés, plus je mettais de persévérance à résister. Après être passé devant tous les tribunaux, j'en revins à mes moutons. Le préfet nouveau, quoique prévenu défavorablement, goûta mon projet; la commission sanitaire, invulnérable aux traits de la passion, me donna raison; enfin, je fus autorisé, et si je réussis à propager cette branche d'économie, je me souviendrai qu'à quelque chose malheur est bon.

COMPOSITION DE L'ENGRAIS-ANIMAL.

Mon but étant d'être utile à l'agriculture, il entre dans mes vues de provoquer les établissemens de la nature de celui que je viens de faire auprès de Dijon; je désire plus que je ne crains la concurrence.

L'angrais-animal, peut-être improprement nommé, vu que sur cent parties, quarante sont de végétaux, de marne, de sédiment, d'urine, pains de graines oléagineuses, de fourmis et *d'arsure, ou pain d'arsure,* et les soixante autres de matières animales. Ces dernières peuvent être indifféremment de chair, de sang ou d'os; quant aux végétaux, la feuille, la tige, la racine, le brou, les baies, peuvent être employés indistinctement; les baies, les fruits, le marc de raisins, le fumier, sont néanmoins préférables. Toutes ces matières sont jetées

3.

simultanément ou successivement dans une fosse profonde, souterraine et imperméable, où elles macèrent dans l'urine * environ deux ans, c'est-à-dire jusqu'à ce qu'elles soient entièrement putréfiées et désinfectées. Après ce laps de temps, on les retire en terreau, lequel étant séché à l'abri de la pluie et convenablement broyé, forme l'engrais-animal dans un état de perfection.

Cet engrais est supérieur à toute espèce d'engrais, même au noir-animalisé dont on dit qu'un kilogramme équivaut à quatre-vingts kilogrammes des meilleurs fumiers. La composition de l'engrais-animal en fait assez l'éloge : je dirai seulement qu'un kilogramme fait plus d'effet que cinquante de bon fumier, et que quatre kilogrammes de pain de navette, employés comme engrais, en sortant de l'huilerie.

L'engrais-animal, réduit en terreau, sera livré à l'agriculture dans des mesures de capacité ; on va juger par le détail qui suit de l'immense avantage qu'il présente.

Cet engrais a une grande affinité avec l'air qui le rend plus lourd ou plus léger, selon que l'air est plus sec ou plus humide. Cette circonstance doit disposer à choisir un temps brumeux pour le semer, soit sur la terre, soit sur les plantes. L'hectolitre pèse de soixante-quinze à quatre-vingts kilo-

---

* Il est facile de se procurer des urines en plaçant des baquets dans les angles rentrans des bâtimens publics ou particuliers.

grammes. On sait qu'il cube un dicimètre cube (deux pieds huit pouces environ). On fume plus amplement un hectare avec vingt-quatre hectolitres (huit au journal) qu'avec douze voitures de bon fumier. Les vingt-quatre hectolitres pèseront mille huit cent kilogrammes environ, coûteront soixante-douze francs et cuberont deux mètres quarante centimètres, ce qui ne fera qu'une voiture passable, soit pour le poids, soit pour le volume.

Les douze voitures de fumier cuberaient de vingt-cinq à trente mètres cubes, pèseraient de cinquante à soixante milles kilogrammes, et ne coûteraient pas moins de deux cents francs rendus au champ ; et on peut assurer, sans craindre de se tromper ni de tromper personne, que le fumier ne produira pas sur la récolte autant d'effet que l'engrais-animal, cela par une raison très-simple, c'est que le volume de fumier ne contient pas autant de parties végétatives que le volume d'engrais.

COMPOSITION DU PLATRE NOIR OU PLATRE-ENGRAIS.

Le plâtre commun que l'on sème sur les plantes, agit plus efficacement sur celles à fortes racines. Il a la propriété d'aspirer l'air, d'évaser les pores et de déterminer le mouvement de la sève sur les talles. Mais il a le fâcheux inconvénient de dessécher la terre, de la rendre dure et aride ; et si l'on plâtre plusieurs années de suite le même terrain, sa compacité lui empêchant d'aspirer facilement l'humidité de l'air, la terre devient presque stérile.

Le plâtre noir a non-seulement l'avantage de prévenir ces funestes accidens , mais par les parties animales qu'il contient, il amande la terre, conserve l'humidité, et son acidité produit sur les plantes les mêmes résultats que le plâtre pur.

Le plâtre noir est du plâtre ordinaire, un peu plus cuit que le plâtre à bâtir, et mêlé avec environ un tiers de parties animales. Voici comment s'opère le mélange : Les fosses d'engrais-animal étant disposées de manière à pouvoir en tirer l'égoût à volonté, on le reçoit dans une autre fosse, et lorsqu'elle en contient une quantité suffisante, on y jette du plâtre commun jusqu'à ce que l'égoût ait pris la consistance de boue. On laisse macérer cette composition huit ou dix mois, et si après ce temps, elle est suffisamment désinfectée, on tire le plâtre, on le fait dessécher à l'ombre, ou le broie et on le sème. Cet engrais opère sur les racines et sur les tiges. Il n'effruite point la terre, il agit sur les semences et sur les plantes, même sur les gramens, les blés et les prairies naturelles. Le plâtre noir ne se pulvérise pas au même point que le plâtre ordinaire, il reste en petits motillons, ce qui oblige à en user plus que de l'autre. On ne peut pas garnir un hectare à moins de quatre hectolitres.

Je rapporte ici deux expériences faites en 1830 :

Une semence de pois de quatre cents mètres de longueur sur quatre de largeur, ayant été coupée en petites portions, on en plâtra successivement une, et on laissa l'autre. Les pois plâtrés s'élevèrent d'un pied au-dessus des autres et fleurirent douze jours auparavant.

Sur trois sillons de trèfle, celui du milieu qui était plâtré, put seul être fauché. La sécheresse arrêta la végétation dans les deux autres.

Les établissemens d'engrais-animal ne seront pas seulement utiles à l'agriculture, ils procureront encore de l'occupation et des moyens d'existence à beaucoup d'individus qui ne peuvent plus ou pas encore se livrer à des travaux pénibles.

Un vieillard, un enfant peut couper de l'herbe, ramasser des feuilles, cueillir des baies, des fruits sauvages, aussi habilement qu'une autre personne ; l'aubépine, le troëne, la hiéble, le cornouiller, lui en fournissent les moyens. Après les vendanges, un enfant peut ramasser deux et trois quintaux de feuilles de vignes en un jour. J'ai fait cueillir, par une femme, un hectolitre de senelles en six heures.

Tarif des prix que l'on paiera à l'établissement de la sablière, pour les portions de végétaux et les débris d'animaux qu'on y apportera.

VÉGÉTAUX.

	fr.	c.
Les baies de troëne, d'hiéble et toute autre, les senelles, gratte-cul, cornouilles, prunelles et autres fruits, le double décalitre,	0	25
Les fruits pourris, les pommes de terre gelées, le brou, écale et marrons-fous, *idem*, le double décalitre,	0	15
Les bouffes poussières, saines ou avariées, la grande vannée,	0	25
Les sons et farines pourris, le double décalitre,	0	20
Les herbes vertes, orties-chardons, gladieux, roseaux, les feuilles de toute espèce, les 50 kilog,	0	30
Ces mêmes plantes et feuilles sèches, ainsi que la vieille paille de paillasse, le kilog.,	0	02

	fr.	c.
Le marc de raisin sortant du pressoir, la queue, ou le marc de deux tonneaux de vin ;	1	20
Le marc distillé, le mètre cube,	2	00
Les pains de navette et d'autre graine oléagineuse, pesant de 14 à 15 kilog.,	1	10
Les mêmes, vieux, gâtés et même pourris,	0	40
Les pains de faîne, du même poids, frais,	0	30
Les débris d'animaux morts, chair, os, ensemble ou séparément, le quintal métrique,	1	00
Le cheval entier, le bœuf,	2	00
Le sang, l'hectolitre,	1	75
L'arsure ou pain d'arsure, le kilog.,	0	03
Le sac de fourmis, contenant un hectolitre, y compris les brindilles de la fourmillère et les œufs,	0	80

On doit ramasser les fourmis durant la ponte, dans les mois d'avril, mai et juin, et toujours avant le soleil levant; deux heures suffisent pour en charger une voiture.

FIN.